学习强国
xuexi.cn

太空教师天文课

系内行星和系外行星

“学习强国”学习平台　组编

科学普及出版社
·北　京·

编　委　会

学术顾问：赵公博　姜晓军

主　　编：陆　烨　张　文

副 主 编：田　斌　吴　婷

编　　撰：张兆都　朱文悦

参编人员：王汇娟　王佳琪　闫　岩　周桂萍　王　炜　李海宁　李　然　任致远　邱　鹏　杨　明　曹　莉　张　超　张鹏辉　贺治瑞　张媛媛　胡惠雯　谭冰杰　杨　雪　陈　夏　李　轶

科学审核：邓元勇　陈学雷　李　菂　刘　静　赵永恒

支持单位

（按汉语拼音排序）

国家航天局

南京大学

中国科学院国家天文台

中国科学院紫金山天文台

序

习近平总书记高度重视航天事业发展，指出“航天梦是强国梦的重要组成部分”。在以习近平同志为核心的党中央坚强领导下，广大航天领域工作者勇攀科技高峰，一批批重大工程成就举世瞩目，我国航天科技实现跨越式发展，航天强国建设迈出坚实步伐，航天人才队伍不断壮大。

欣闻“学习强国”学习平台携手科学普及出版社，联合打造了航天强国主题下兼具科普性、趣味性的青少年读物《学习强国太空教师天文课》，以此套书展现我国航天强国建设历程及人类太空探索历程，用绘本的形式全景呈现我国在太空探索中取得的历史性成就，普及航天知识，不仅能让青少年认识了解我国丰硕的航天科技成果、重大科学发现及重大基础理论突破，还能激发他们的兴趣，点燃他们心中科学的火种，助力青少年的科学启蒙。

这套书在立足权威科普信息的基础上，充分考虑到青少年的阅读习惯，用贴近青少年认知水平的方式普及知识，内容涉及天文、历史、物理、地理等多领域学科，融思想性、科学性、知识性、趣味性为一体，是一套普及科学技术知识、弘扬科学精神、传播科学思想、倡导科学方法的青少年科普佳作。

我衷心期盼这套书能引领青少年走近航天领域，从小树立远大志向，勇担航天强国使命，将中国航天精神代代相传。

中国探月工程总设计师

中国工程院院士

2024 年 3 月

2020 年 7 月 23 日，“天问一号”探测器发射成功，奔赴遥远的火星，探索火星的地质、演化，以及可能存在的生命信息。这是我国航天器首次离开地月系，开启行星际深空探索，揽星九天，逐梦星辰。

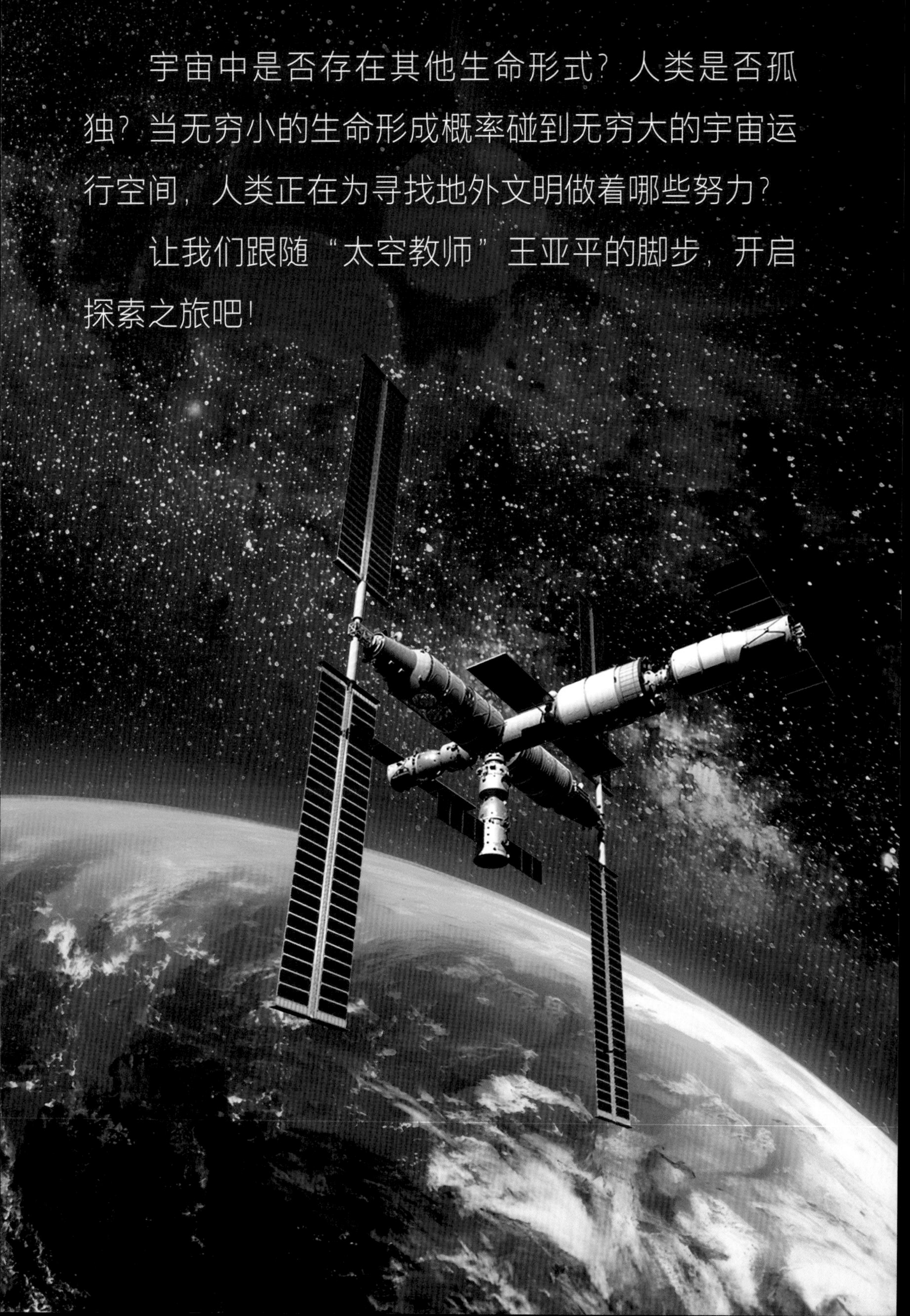

宇宙中是否存在其他生命形式？人类是否孤独？当无穷小的生命形成概率碰到无穷大的宇宙运行空间，人类正在为寻找地外文明做着哪些努力？

让我们跟随“太空教师”王亚平的脚步，开启探索之旅吧！

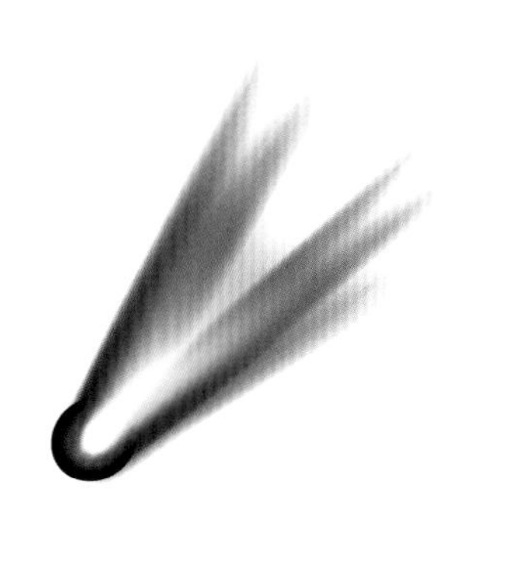

目录

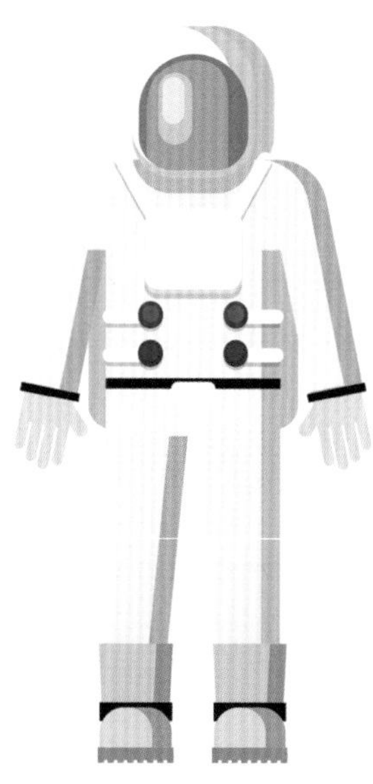

太阳系大家庭

扫码观看在线课程

我们知道，太阳系有八颗行星，按照它们距离太阳由近到远的顺序，分别是水星、金星、地球、火星，然后穿到小行星带之外，分别是木星、土星、天王星和海王星。

其中，水星、金星、地球和火星主要由岩石和金属构成，位于太阳系内侧，我们把这四颗星称为类地行星。

木星和土星是气态巨行星，更远的天王星和海王星则属于冰巨行星。

昼夜温差极大的水星

白天

水星是离太阳最近的行星，中国古代称其为“辰星”，它也是八大行星中体积最小的一颗，直径只有地球的40%左右。

它没有大气的保护，白天在太阳照射下温度迅速升高，可达430℃，夜晚温度又快速降低，可低至−170℃左右。

身份卡片

姓名▶水星

类型▶类地行星

公转周期▶88 天

自转周期▶59 天

到太阳的距离▶5791 万千米

糟了！水星发烧了！

夜晚

水星凌日

当水星走到太阳和地球之间时，有时地球上的观测者会看到太阳表面出现缓慢移动的小黑圆点，这种现象就是水星凌日。

水星上的中国人名

截至目前，人类在水星上已经命名了近 500 个地貌。国际天文学联合会为不同行星和卫星建立了独立的命名系统，比如同为撞击坑，在水星上主要以已故的艺术家和文学家的名字命名，在金星上则采用女性的名字命名。迄今为止，以中国人名命名的水星撞击坑有 21 个，涉及李白、杜甫、齐白石、鲁迅等名家。

温度怎么这么低？

“体温”极高的金星

与水星相反，金星拥有浓密的大气层，这增加了我们观察探测金星的难度。

尽管它距离太阳比水星远，温室效应却使它成为太阳系内最热的行星，无论白天还是黑夜，温度都高达 460℃左右。

金星的大小与地球相似。金星是离地球最近的行星，它非常亮，从地球仰望天空，除太阳和月亮之外，它称得上是“夜空中最亮的星”。

身份卡片

姓名 ▸ 金星

类型 ▸ 类地行星

公转周期 ▸ 225 天

自转周期 ▸ 243 天

到太阳的距离 ▸ 1.08 亿千米

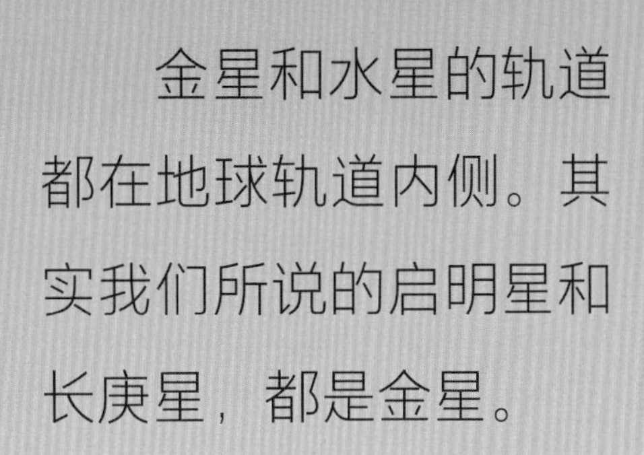

金星和水星的轨道都在地球轨道内侧。其实我们所说的启明星和长庚星，都是金星。

《诗经》中说:“东有启明，西有长庚。”中国古代把早晨出现于东方天空的金星称为“启明星”，把黄昏出现于西方天空的金星称为“长庚星”。

“麦哲伦号”拍摄的金星表面

●“麦哲伦号”探测器

1989 年 5 月，“麦哲伦号”探测器由“亚特兰蒂斯号”航天飞机携带升空。“麦哲伦号”探测器利用先进的合成孔径雷达对金星进行了详细的测绘，为研究金星提供了形象的资料。

红色星球——火星

火星，荧荧如火，古称“荧惑”。夜晚望去，火星呈现红色。

它的直径约为地球的一半，火星上一天的时长和火星的自转轴倾角都与地球相似。

火星有稀薄的大气，也有分明的四季和不同气候带。

研究表明，数十亿年前，它曾和现在的地球类似，可能有广阔的海洋、宜居的环境，具备生命形成的条件。

1877 年，美国天文学家霍尔发现了火星的两颗小卫星——火卫一和火卫二，它们非常小，形状不规则，且上面都有许多撞击陨石坑。

身份卡片

姓名 ▶ 火星

类型 ▶ 类地行星

公转周期 ▶ 687 天

自转周期 ▶ 24 小时 37 分

到太阳的距离 ▶ 2.28 亿千米

后来，由于它个头儿比较小，内部逐渐冷却，磁场逐渐消失。缺少磁场的保护，太阳风的侵蚀使得火星大气逐渐变稀薄，如今基本只剩干旱、寒冷的沙漠。

太阳风并不是风，而是日冕因高温膨胀而不断向行星际空间抛出的粒子流。

我们的“祝融号”探测车在火星上发现了含水矿物，证明着陆区曾经存在大量液态水活动。在不久的将来，火星或许将成为人类登陆的地球之外的第一颗行星。

我国首辆火星车“祝融号”

“祝融号”高度为 1.85 米，重 240 千克左右。“祝融号”共携带 6 种科学仪器，即火星表面成分探测仪、多光谱相机、导航地形相机、次表层探测雷达、火星表面磁场探测仪、火星气象测量仪，可以帮助我们全方位了解火星。

火星探测

随着科技的不断进步，人类探测火星的方式由早期的飞越探测、环绕探测，向着陆探测和巡视探测的方向发展。著名的火星探测器包括早期的“水手号”系列，其中“水手 9 号”是第一个环绕火星飞行的探测器，它发现了火星上最大的峡谷——水手峡谷。20 世纪 70 年代的“海盗号”系列开创了火星着陆器的先河。20 世纪 90 年代之后，火星探测进入以第三代火星车为代表的巡视探测时代

“海盗 1 号”拍摄的火星地景

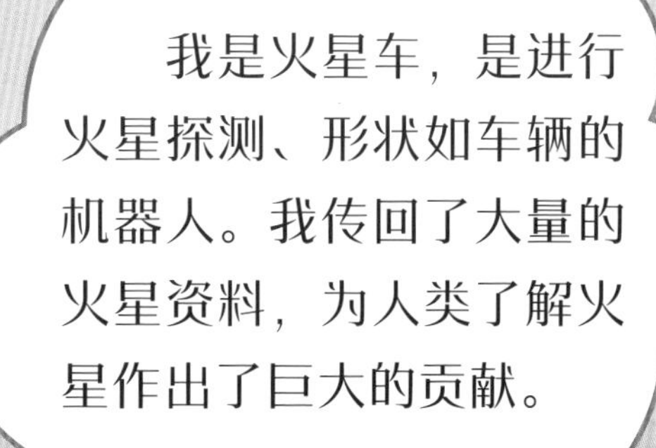

“海盗号”火星探测器

1975年8月20日和9月9日，美国先后发射了“海盗1号”和“海盗2号”火星探测器，它们分别对火星进行了取样分析，并发回了大量图片。

太阳系的“行星之王”——木星

火星再往外，穿过小行星带，便是巨大的木星，中国古人把它称作“岁星”。

木星是气态巨行星，差不多能装下 1300 个地球，它的质量是太阳系其他行星质量总和的 2.5 倍，是八大行星中体积最大、自转最快的。

木星的巨大引力可以帮助地球免遭一些天体的撞击，对地球来说，它更像是一个庞大的守护者。

木星表面遍布风暴，看上去如大理石花纹一般；表面还有个巨大的红斑，直径是地球的 2 ~ 3 倍。

木星拥有众多卫星，其中木卫二表面被冰层覆盖，底层是一片海洋，因此成为科学家寻找地外生命的目标之一。

别怕，我来保护你！

姓名▶木星

类型▶气态巨行星

公转周期▶11.86 年

自转周期▶9 小时 50 分

到太阳的距离▶7.78 亿千米

伽利略卫星

伽利略卫星指木星的四颗天然卫星，即木卫一、木卫二、木卫三、木卫四，它们是意大利天文学家伽利略在 1610 年发现的，因而得名。

快看那边！
好像有什么东西
撞上木星了！

图为“苏梅克－列维 9 号”彗星撞击木星的情景。“苏梅克－列维 9 号”彗星在 1994 年撞击木星，这是人类首次观测到太阳系内与行星有关的天体相撞事件。撞击发生后，火球从木星的南半球升起。

木星长了大红斑

大红斑是木星表面的标志，它位于木星的南半球，为卵形红色斑状物。通过探测，人们发现大红斑的颜色和亮度时有变化。

拥有美丽光环的土星

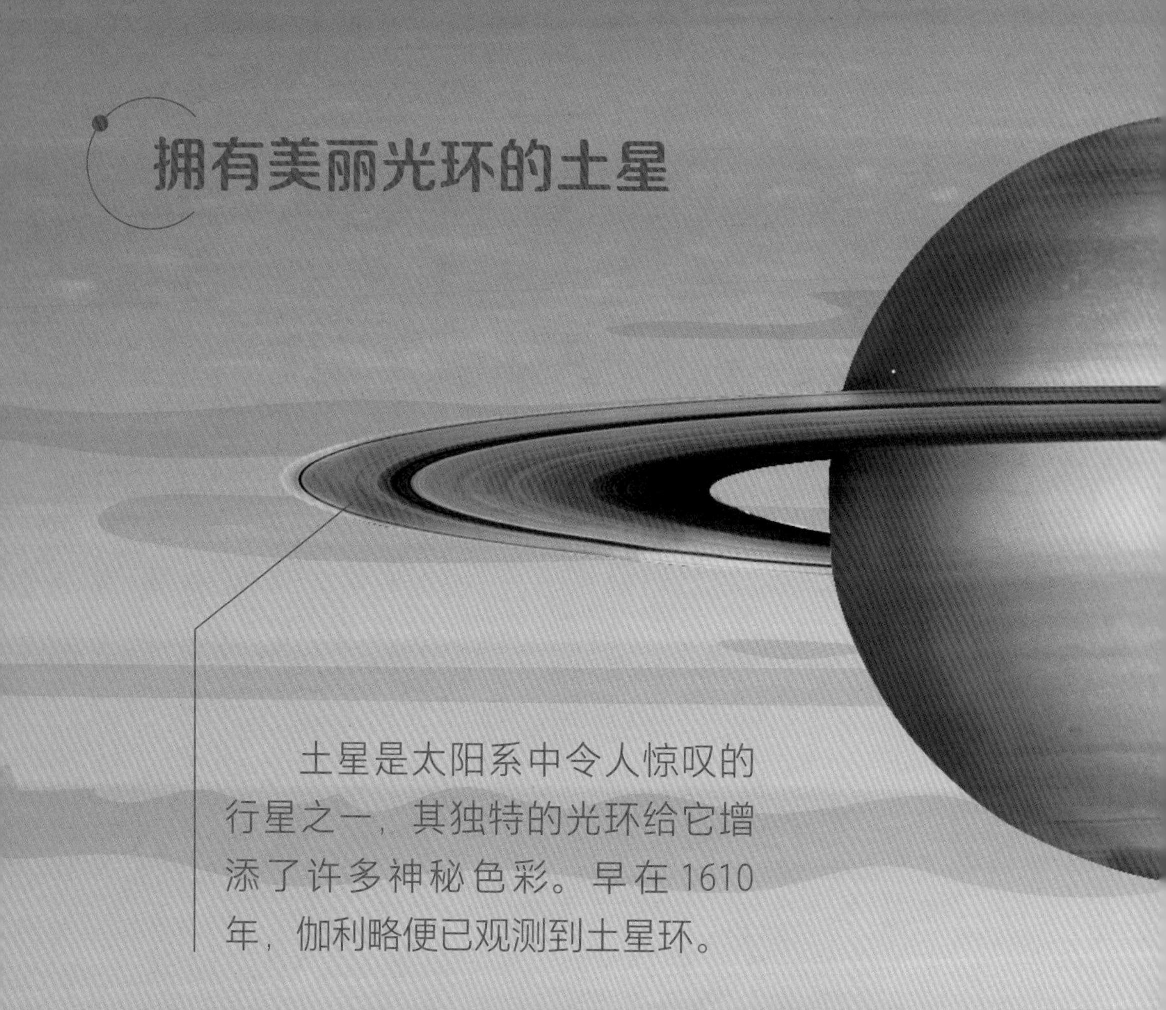

土星是太阳系中令人惊叹的行星之一，其独特的光环给它增添了许多神秘色彩。早在1610年，伽利略便已观测到土星环。

土星，中国古称“镇星”，它的体积和质量仅次于木星，最大的特点是有漂亮的光环。

土星是太阳系八大行星中平均密度最低的一颗，比水的密度还低。也就是说，如果有足够大的水盆，把土星放进去，它就会漂浮在水上。

土星的卫星中最大的是土卫六，比水星还要大，是太阳系仅有的拥有明显大气层的卫星。

土星有磁场（强度为地球磁场的 1000 倍）和辐射带，且上空闪电频繁，表面最高温度约 -150℃。

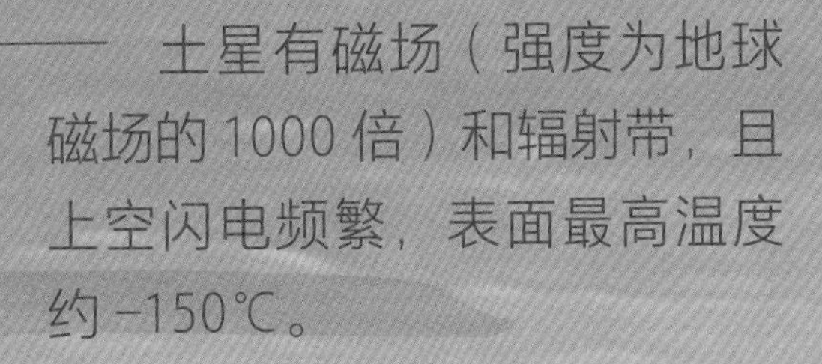

身份卡片

姓名▶土星

类型▶气态巨行星

公转周期▶29.46 年

自转周期▶10 小时 33 分

到太阳的距离▶14.33 亿千米

“躺”着旋转的天王星

身份卡片

姓名 ▶ 天王星

类型 ▶ 冰巨行星

公转周期 ▶ 84.01 年

自转周期 ▶ 17.9 小时

到太阳的距离 ▶ 19.18 天文单位

在八大行星中，天王星和海王星距离太阳非常遥远，以至于水、氨和甲烷都变成冰态，所以它们也叫冰巨行星。

天王星有个特殊的地方，它是“躺”着转的，自转轴差不多和公转轨道在同一个平面上，有人认为这是被大规模撞击的结果。

谁发现了天王星？

1781 年，英国天文学家赫歇尔用望远镜巡天时偶然发现天王星。天王星是人类用望远镜发现的第一颗大行星。

冰冷的蓝色世界——海王星

海王星是太阳系内距离太阳最远的行星。海王星通体呈蓝色，它是人们利用天体力学理论预测而发现的一颗行星。

身份卡片

姓名 ▸ 海王星

类型 ▸ 冰巨行星

公转周期 ▸ 164.79 年

自转周期 ▸ 16.11 小时

到太阳的距离 ▸ 30.07 天文单位

人类是如何发现海王星的？

1846 年，法国天文学家勒威耶和英国天文学家亚当斯根据天体力学理论计算出海王星的位置，后来德国天文学家伽勒用望远镜发现了它。

由于海王星离我很远，所以它从我这里得到的热量很少。它的表面温度很低，约 -218℃。

海王星的“体温”有多高呢？

冥王星和彗星

太阳系中除了太阳和八大行星，还有很多其他天体，比如彗星、小行星等。

小行星带

小行星大多分布在火星与木星轨道之间，组成小行星带。

“降级”的冥王星

冥王星曾经被定为太阳系的第九颗行星，但在 2006 年第二十六届国际天文学联合会大会上，它因不符合新通过的行星定义而被正名为“矮行星”。

彗星=妖星=扫帚星吗？

古时候，彗星被称为“妖星”，因为“彗”有扫帚之意，所以又俗称“扫帚星”。彗星的形状很特别，远离太阳时，为发光的云雾状小斑点；接近太阳时，由彗核、彗发和彗尾组成。彗星体积非常大，但质量很小。公元前 11 世纪，中国已有彗星观测记录。

人类赖以生存的家园——地球

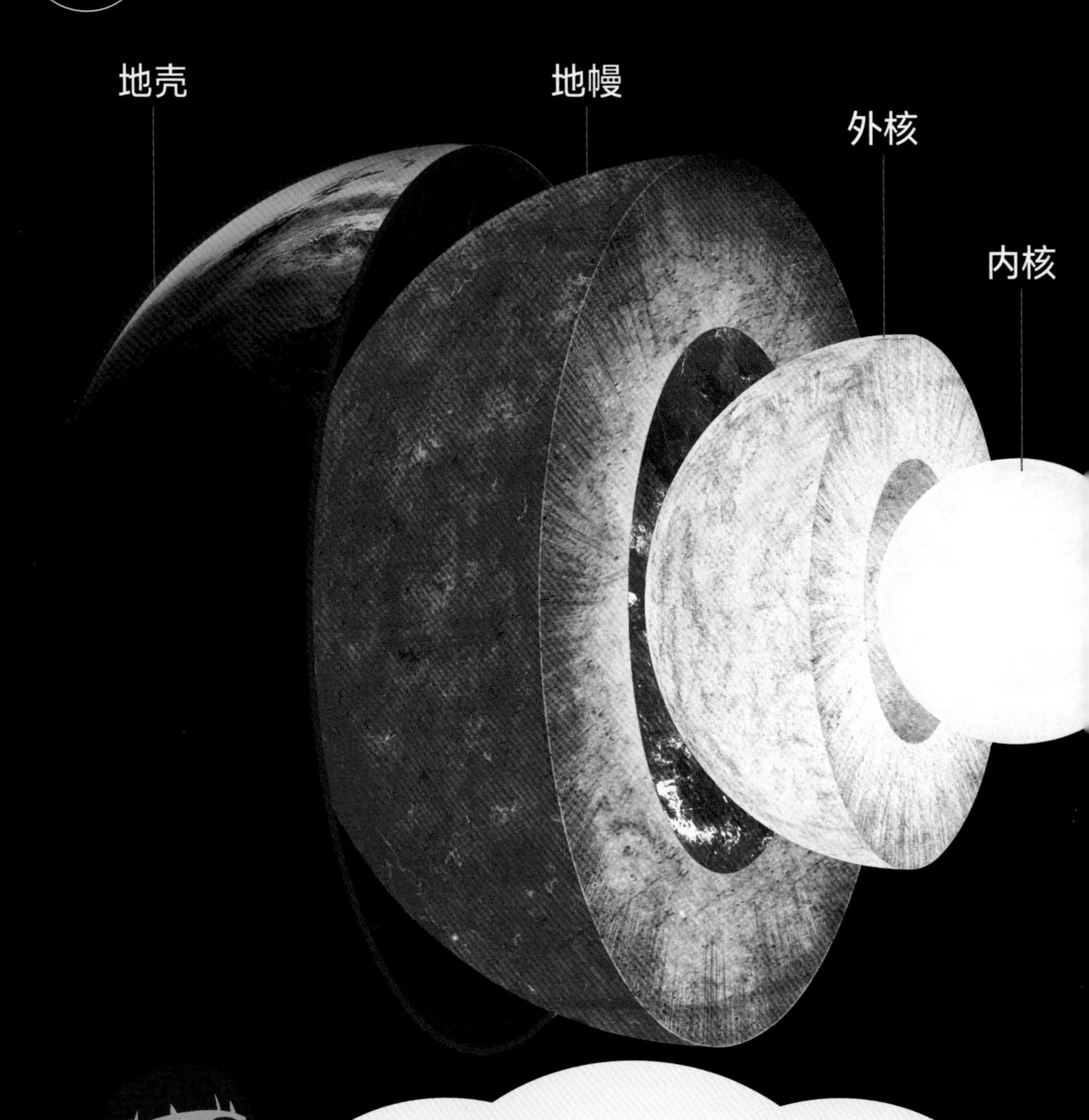

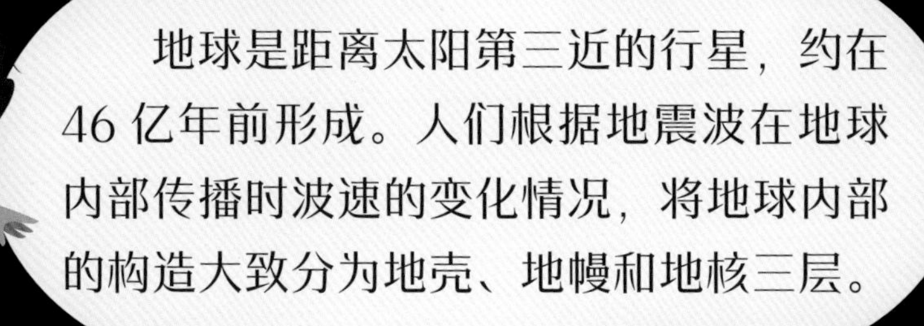

地壳

地壳是地球固体圈层的最外层，由岩石组成。

地幔

地幔位于地壳以下，地核之上，可分为上地幔与下地幔。

地核

地核是地球内部构造的中心部分，可分为内核和外核。

地球是太阳系中已知的唯一拥有生命的行星，我们知道，太阳系只是茫茫宇宙中的一个天体系统，那么在太阳系外，是否存在第二个或者更多的地球呢？下面我们一起去了解太阳系外的行星吧！

探索太阳系之外的空间

扫码观看在线课程

科学家探寻系外行星的首要目标是什么？

我们已经了解了太阳系内的天体以及对地外生命可能性的探索，现在让我们把视野转向更广阔的系外空间，追寻智慧生命的痕迹。

寻找宜居行星是科学家探寻系外行星的首要目标。恒星附近通常有一个环状区域，在这个区域内的行星温度合适，可以存在大量液态水，因此这个区域就被称作宜居带。一般认为，类似地球生命的生命只能在位于宜居带的行星上孕育和发展。

与恒星相比，行星一般较小且暗淡，比较难被发现。在“卡西尼号”探测器拍摄的太阳系合影中，地球只是一个暗淡的蓝点。

1995 年，两位瑞士天文学家发现了第一颗围绕类太阳恒星公转的系外行星飞马座 51b，他们因此获得了 2019 年诺贝尔物理学奖。

目前，人类已发现了 5300 多颗系外行星，这些行星大部分都是类似木星的气态巨行星和“超级地球”。“超级地球”一般指质量比地球大但比海王星小的纯岩质或混合态行星。

大家快看！这是中国科学院国家天文台兴隆观测基地的 2.16 米光学望远镜，它被誉为“中国天文学界的一座丰碑”。

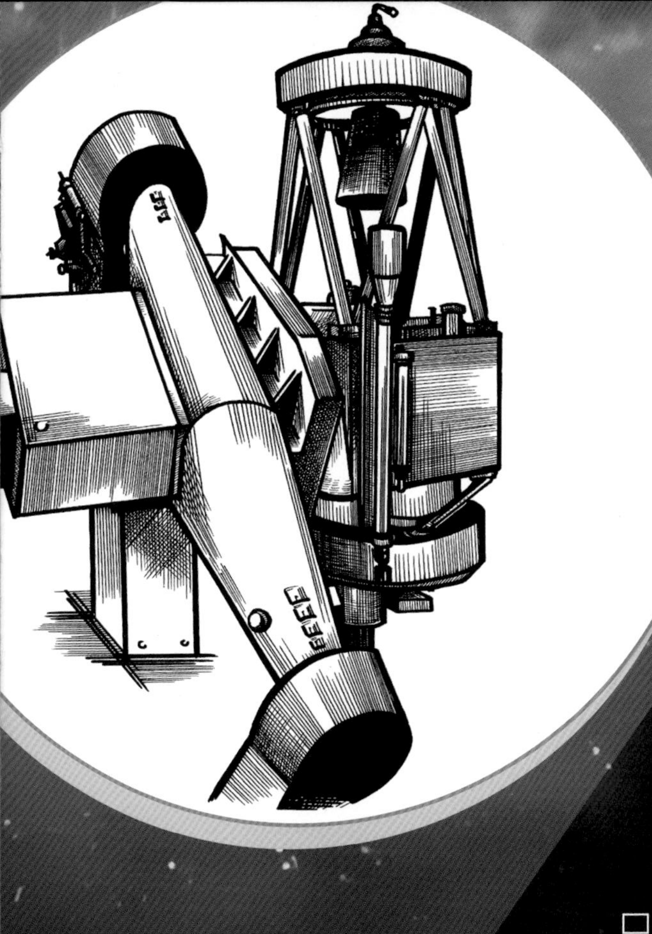

在人类发现的5300多颗系外行星中，只有60多颗与地球质量类似，并且温度适宜，能够存在大量液态水。

整体来看，系外行星呈现了极其丰富的多样性。比如，系外行星公转周期可以短至数小时，也可以长达数百年；密度可能比铁还要高10倍，也可能只有水密度的1/20；温度可低至−240℃，也可能高于7000℃；大气可能透明，可能多云，可能富含金属，也可能只由氢、氦组成。

03
宇宙中有外星人吗？
扫码观看在线课程

在如此浩渺的宇宙空间里，在如此多样的行星类型中，人类是否是独一无二的存在？在人类无法企及的视域和空间里，智慧生命是否在悄然滋长并兴盛勃发？

这既是极端严肃的科学叩问，也是探寻人类本质的终极哲学，同时它还承载了人类拓展生存空间的不懈探索。人类通过探测氧气、臭氧、甲烷等常用生命信号信息，锁定可能存在生命的星球，那里有可能成为人类太空迁徙的目的地。

氧气

无色、无味的气体，能助燃，但不自燃。

臭氧

气体，可用作漂白剂、杀菌剂等，有特殊臭味。

甲烷

无色无味的可燃性气体，难溶于水，是天然气的主要成分。

除了搜寻生命存在的证据，人类还试图直接搜寻地外文明产生的信号，科幻作品《三体》展示的就是此类尝试。

在现实中，较著名的是“搜寻地外文明”计划，它致力于对宇宙中的射电信号进行搜寻和分析；“突破聆听”计划，旨在动用全球最强大的望远镜“聆听”约 100 万颗恒星传来的信号以寻找宇宙智慧生命。位于贵州的“中国天眼”目前是“搜寻地外文明”计划的重要部分。

我国科学家推动的“天邻”计划，其设备有望在 2035 年左右开始投入运行，它的目标是搜寻距离地球 100 光年以内类地行星中的生命信号，破解人类是否孤独之谜。

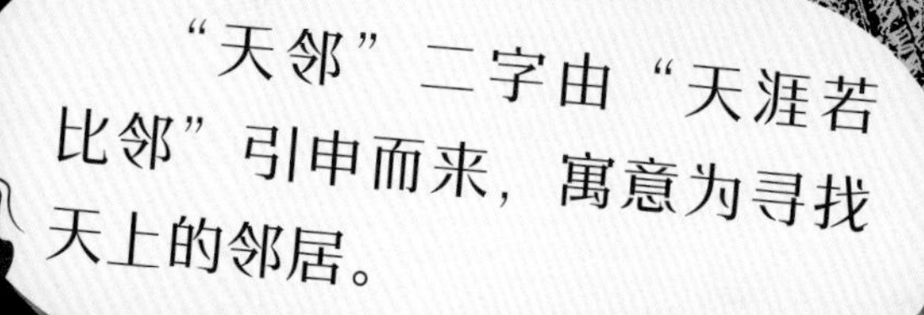

探索宇宙，可以让人类更加了解自身的文明进展与演化，更能促进科学技术的进步与应用。

“中国天眼”

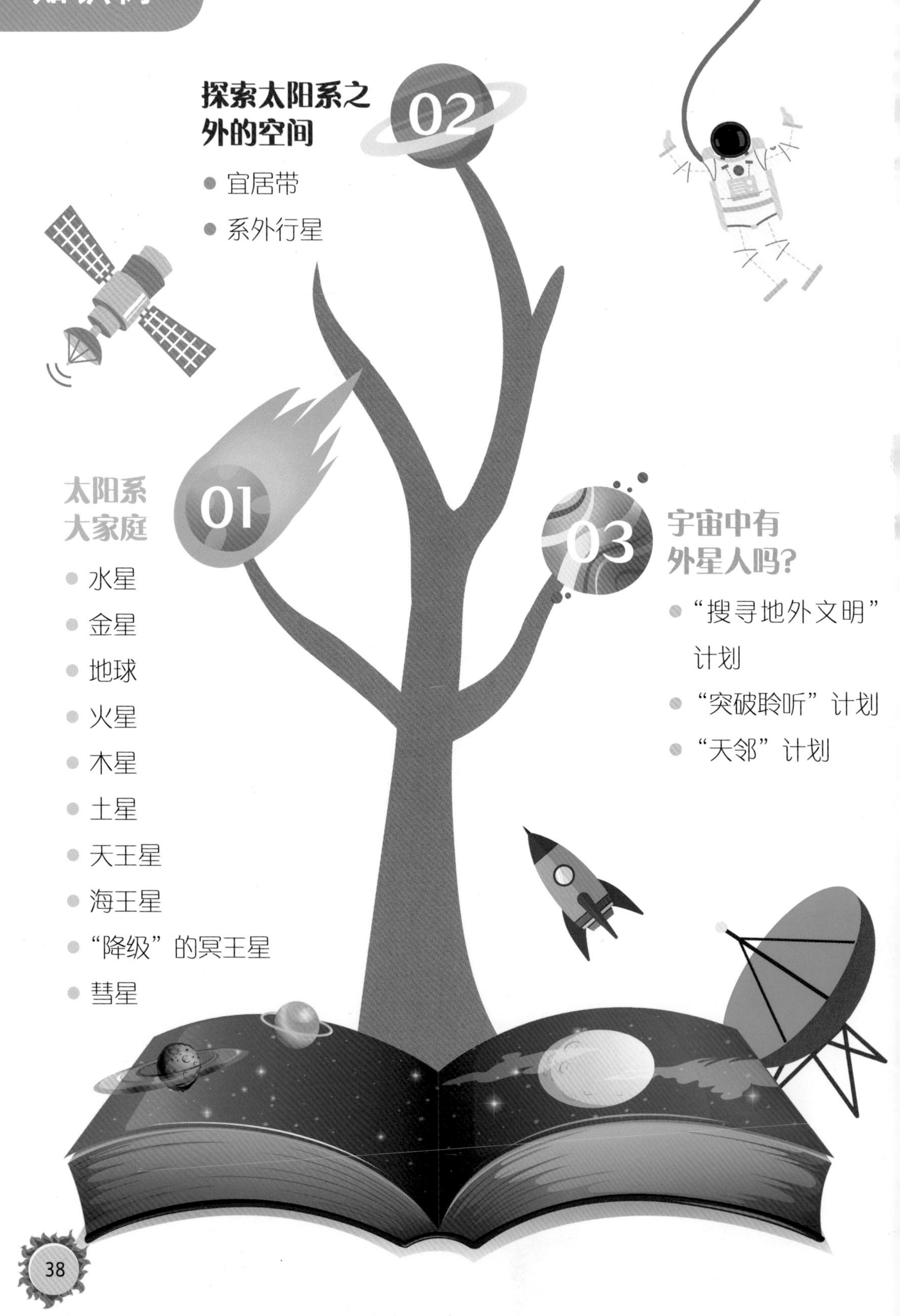
探索太阳系之外的空间
02
宜居带
系外行星
太阳系大家庭
01
水星
金星
地球
火星
木星
土星
天王星
海王星
“降级”的冥王星
彗星
03
宇宙中有外星人吗？
“搜寻地外文明”计划
“突破聆听”计划
“天邻”计划